U0214177

筑境

中国精致建筑100

韩城党家村

胡宝仲 撰文摄影

中国建筑工业出版社

出版说明

中国是一个地大物博、历史悠久的文明古国。自历史的脚步迈入新世纪大门以来，她越来越成为世人瞩目的焦点，正不断向世人绽放她历史上曾具有的魅力和光辉异彩。当代中国的经济腾飞、古代中国的文化瑰宝，都已成了世人热衷研究和深入了解的课题。

作为国家级科技出版单位——中国建筑工业出版社60年来始终以弘扬和传承中华民族优秀的建筑文化，推动和传播中国建筑技术进步与发展，向世界介绍和展示中国从古至今的建设成就为己任，并用行动践行着"弘扬中华文化，增强中华文化国际影响力"的使命。从20世纪80年代开始，中国建筑工业出版社就非常重视与海内外同仁进行建筑文化交流与合作，并策划、组织编撰、出版了一系列反映我中华传统建筑风貌的学术画册和学术著作，并在海内外产生了重大影响。

"中国精致建筑100"是中国建筑工业出版社与台湾锦绣出版事业股份有限公司策划，由中国建筑工业出版社组织国内百余位专家学者和摄影专家不惮繁杂，对遍布全国有历史意义的、有代表性的传统建筑进行认真考察和潜心研究，并按建筑思想、建筑元素、宫殿建筑、礼制建筑、宗教建筑、古城镇、古村落、民居建筑、陵墓建筑、园林建筑、书院与会馆等建筑专题与类别，历经数年系统科学地梳理、编撰而成。本套图书按专题分册，就其历史背景、建筑风格、建筑特征、建筑文化，结合精美图照和线图撰写。全套100册、文约200万字、图照6000余幅。

这套图书内容精练、文字通俗、图文并茂、设计考究，是适合海内外读者轻松阅读、便于携带的专业与文化并蓄的普及性读物。目的是让更多的热爱中华文化的人，更全面地欣赏和认识中国传统建筑特有的丰姿、独特的设计手法、精湛的建造技艺，及其绝妙的细部处理，并为世界建筑界记录下可资回味的建筑文化遗产，为海内外读者打开一扇建筑知识和艺术的大门。

这套图书将以中、英文两种文版推出，可供广大中外古建筑之研究者、爱好者、旅游者阅读和珍藏。

目录

韩城党家村

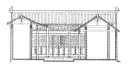

具有六百年历史的党家村古村寨，现今仍留存有明、清两代的典型民居院落百余座。其自然与人文景观极为优美并内涵丰富，为中国当今遗存的古村寨和传统民居中所罕见。

党家村乃天赐生境，环境宜人；上寨下村，景观秀丽；布局合理，风格独具；建筑精良，内涵丰富，可谓到处呈现中国风水的痕迹及天人合一的宝地，系珍贵的建筑文化遗产，人类的财富，堪称"民居瑰宝"。

一、传统民居与村落的一颗明珠

传统民居与村落的一颗明珠

龛境 中国精致建筑100

图1-1 党家村区位图

党家村位于陕西省境内，韩城市的东北方向，距市区9公里，距黄河仅3公里，地理环境非常优美。

村落居于南、北有塬（塬高约35—50米）的狭长形，东西走向呈"葫芦"状的沟谷之中，海拔为400—460米。村南有泌水绕行，形成依塬傍水之势。因地形较低，俗称"党家圪塎"。

村落地处沟谷。其依塬傍水的龛位，带给该村不受西北季风的侵袭；夏季顺泌水走向却

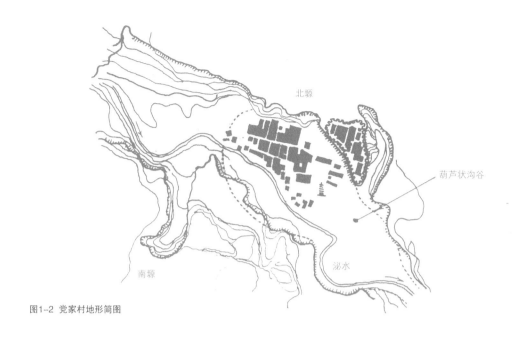

图1-2 党家村地形简图

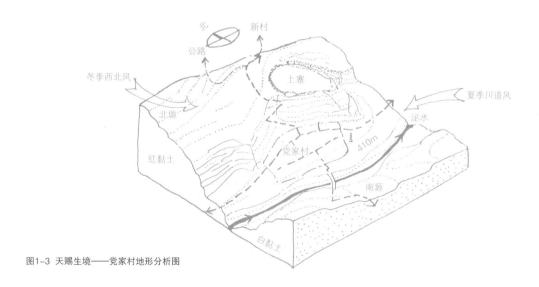

图1-3 天赐生境——党家村地形分析图

可得到川道吹来的凉风，构成宜人的气候，可谓天赐生境。

村落环境优美，空气清新。早年村外塬上林木森森，泌水常年清流潺潺，两岸果园、菜田阡陌纵横，绿树成荫。村内井水甘甜充足，即使旱季也无饮水、浇地的困难。

本地年降雨量680毫米；年平均气温13.5℃，1月份平均气温零下1.5℃，7月份平均气温26.6℃，无霜期200天左右。常年多西北风，次为东南风；最大积雪20厘米。

党家村地处韩城域内。韩城东临黄河，乃西周春秋时期韩国故地，晋称韩原，周代为韩侯国，有古韩城，故名。

韩城历史悠久，禹门口发现有旧石器时代遗址及现今发现新石器时代遗址十八处之多。战国初，属魏，今留有魏长城遗址，北有"龙

图1-4 党家村全貌航空遥感照片

照片中左下方的曲折水流为泌水，南、北有土塬，南北塬之间的呈葫芦状的沟谷为党家村。北塬上呈三角形地段为上寨"泌阳堡"，该堡东南侧为峭壁，西北侧为土城墙。其他为新村。

图1-5 党家村环境
环境优美，空气清新。村内，塬上绿化成荫。井水甘甜，天赐的生活宝地。

门"，又名"禹门"，为禹王治水所在地，乃黄河咽喉，自古为秦晋交通要冲。

韩城为世界名人，伟大的史学家、天文学家、思想家和科学家司马迁的故里，有司马迁墓和祠。从而太史文风兴盛韩城，致使韩城人杰地灵历代不衰。

据禹门猿人洞考古证明，该市为黄河流域古老的农业发达地区和文化胜地之一。韩城现今保留古遗址27处，古建筑149处，其数量之多为陕西省之冠。

传统民居与村落的一颗明珠

筑境
中国精致建筑100

图1-6 小坡崖上方窑洞
党家始祖早年逃荒至此，在向阳高坡之下的"东阳湾"（现今小坡崖）挖窑洞数孔，娶妻生子，繁衍生息。

党家村现属韩城市西庄镇的一个村落，是一个330户的大村，人口约1400余，全村有耕地2136亩。

党家村始于元至顺二年（1331年），名东阳湾，元至正二十四年（1364年）更名党家湾，后称党家村。清咸丰三年（1853年）建泌阳堡（俗称上寨）。

党家村居民主要由党、贾两姓组成，外姓仅几户。

党姓始祖党恕轩，祖籍陕西省朝邑，出身虽贫，为人精明，既能务农，又善经商，元至顺二年（1331年），时逢年景不佳，离乡流落韩城。初时租种赔庙[1]寺田谋生。几年过去，略有积蓄，遂在向阳高坡之上，即今小坡崖上方，挖窑洞数孔并娶妻樊氏，开始繁衍生息。相继率四子开荒种田，兼营商业。随着家道好转，人口增多，因小坡崖地形狭窄距南河耕作

[1] 赔庙——党家村西塬上原有小庙一座，敬奉三皇五帝。宋真宗时，辽邦天庆王在此设军马场，一次马惊将小庙撞倒而招致大批军马死亡。萧太后闻讯大惊，急拨库银两千两，重修庙宇，再塑五帝金身，因此得名"赔庙"。据传赔庙规模宏大，金碧辉煌，终年香火不断，火工道人众多，有寺田两百余亩。明时庙毁于火灾。

区较远，加之用水困难，又迁居于东阳湾，即今
东坡半坡处。

元至正二十四年（1364年）更名党家湾，后
称党家村（现名）至今已有六百余年历史。

明永乐十二年（1414年），恕轩长孙党真中
举，十二年后（1426年）他提出村庄下迁计划，
并界定出长门、二门、三门居住与发展区域。

贾姓始祖贾伯通，系山西省洪洞县人，家财
巨富，依当时当地规定，凡家户两千金以上者一
律外迁。贾氏于元顺帝（1333年以后）时期经商
至韩城，先寄居北贾村，后迁邑中继续经商，并
与本县解家（解半朝）合伙，解家随后衰败转为
贾姓独营，时逢荒年，吞并因荒而倒闭之商号若
干，所积大量粮油获利甚丰。

图例：
- 明正统元年—正统三十年（1436—1465年）
- 明崇祯十六年—清康熙五十年（1643—1711年）
- 清乾隆元年—咸丰十一年（1736—1861年）

0 10   50m

图1-7 明、清两代三批民居分布图

013

图1-8 哨门
早年党家村为安全保卫建哨门二十五处，大小巷道几乎都有哨门，天黑关闭，夜间出更。主巷哨门最为讲究，东哨门门额书有"日月升恒"，西哨门门额书有"泌水长流"。

图1-9 上寨/对面页
清咸丰元年至三年间，共集银一万八千两筑防御性的上寨(泌阳堡)，从此形成上寨下村的党家村形态。照片为由下村去上寨的通路与门洞。

明弘治八年（1495年）贾姓第五世贾连与党姓联姻并合伙联营经商，按股分红，创立"合兴发"商号。于豫、鄂、湘一带水路及唐河沿岸设立堆栈，拥有大型船只多艘，往返其间贸易，经营由南方运来之木材、瓷器、茶叶、夏布（麻织品）及南方药材等到陕、甘、晋一带行销；又由北方采购小麦、黄豆、芝麻及北方药材销至中南、华南等地。如此经营近百年，逐渐成为地方巨商。合兴发商号可用钱票代替现金流通，足证该号具有一定之实力和信誉。年终结盈，保镖押送银两还乡，按股分成。由此党家村的经济由农业为主转为以商为主兼务农业的经济形态。

贾姓六世贾璋于明成化十五年（1479年）迁居党家村，迄今五百余年，为贾姓居党家村的始户。

由于生意兴隆，财源茂盛，合兴发商号于河南购地千余顷，清嘉庆年间赠予该号"千顷良田"奖匾，赊旗镇、瓦店镇迄今尚有贾、党两姓的后裔。

党、贾两姓随着经济不断丰厚及人口的增加，相继立户、建房，大兴土木。仅明、清两代即有三批较大规模的兴建。其中：

1. 明正统元年至景泰年间（1436—1456年）建新房14院；

2. 明崇祯十六年至清康熙五十年间（1643—1711年）建新房25院；

3. 清乾隆元年至咸丰十一年间（1736—1861年）建新房69院。

此外，康熙三十八年（1699年）建党姓祖祠（现村委会）；康熙四十九年 （1710年）建贾姓祖祠（现文化室）；乾隆十八年（1753年）建戏楼；乾隆二十年（1755年）建关帝庙（现学校）；另菩萨庙一座；节孝碑一通；相继党、贾两姓祖祠共建十二座；为防盗建哨门二十五处，主巷的东哨门门额书"日月升恒"，西哨门门额书"泌水长流"。

　　本村及上寨的巷道均石铺路面，村与北塬联系的东、西两坡道及去上寨的坡道也是石铺路面；去南塬的路在泌水河上架桥与南塬相连。

　　此间尚购买良田约万亩，积蓄甚丰，粮食收成除自食外，还救助灾民，如党孟辂一次即捐本县口粮1000石，皇帝亲书"义翁"牌匾（县志记载）。

　　上述反映，由乾隆元年至咸丰末年，特别是嘉庆、道光、咸丰三代是商业经济的黄金时代，也是党家村大兴土木建房营宇的鼎盛时期。

　　上寨（泌阳堡）始建于咸丰元年（1851年），历三年而工告竣。

图1-10 寨门
门洞为双心拱，上有砖雕横额"泌阳堡"三字，下面拱形城门上方饰有花边纹样，构图完美，加强了门洞的明显地位。

道光末期，清廷日趋腐败，民不聊生，此值太平天国运动，四处农民起义，山西、陕西一带常有捻军出没活动，村中聚财甚多的富户为防其扰和地方上的其他动荡，遂相互联系购置土地，建防御性村寨。共集资一万八千两，购北塬邻村下干谷土地三十六亩作上寨基址，约三年完成上寨的巨大规模的土建活动。即所谓，"捻军来，建上寨"。

清末，党家村在外经商受挫，生意萧条，因财力不足，大规模的建房已成为过去，但其余辉不尽，因此在清末民初仍有相当数量的较好宅院建成，只是对原有村落的形态不起决定性的作用。民国中期至1978年，党家村建设停滞不前，建房是局部的，不完整的，房屋质量也较低劣。十分可惜的是把相当一部分建筑质量上乘的厅房、巷门、石牌坊……拆毁卖掉，造成无法挽回的损失。

1978年，农村经济发展，加之人口增加，原有房屋已不足分配，又促进了一次建房高潮。由于村中原有房屋质量较高，并仍有较高的可居住性，加之传统观念的影响，这次村落建设主要不是在原有村落上增建或改建，而是在原有村落的外围，即上寨北侧、东侧的塬上向外扩展另辟新村，致使原有古村的特有风貌得以完整的保留。如此保存完整的党家村好像镌刻在黄土地上记载由元经明、清至今的一个传统村落和民居历史的瑰丽版图，它不仅保留有明、清两代的民居院落百余座，而且均为村民所使用和保护，成为我国一块明、清时代完整村落和民居的活化石。

二、一个典型的
风水宝地

韩城党家村 ｜ 一个典型的风水宝地

筑境 中国精致建筑100

图2-1 瓦屋千字不染尘埃
/前页
由塬上，下望村落，错落
有致的灰瓦屋顶，清洁如
洗，可谓"瓦屋千宇，不
染尘埃"，这是黄土地区
少有的。

历史上，一个村落的产生，开始于适应其生活及生产的最基本要求。相继进一步寻求理想的自然环境与人文环境，并由自然、地理、经济、政治、社会及民俗等方面的诸多因素所影响，所决定，所发展。

中国传统村落与民居所寻求的理想境界，不仅要有良好的生态环境，也要有良好的自然景观并赋予自然与人文环境以一定的象征意义，此乃中华历史文化的反映。

党家村及其民居极有特色地呈现着中国传统村落文化的内涵。可谓天赐村址，生境优美，瓦屋千宇不染尘埃，堂、碑、楼、塔错落有致，景观极为秀丽。村落完整，街巷有序，民居天然意趣朴实无华，饶有地方特色，并包含诸多中国风水意象。

图2-2 塬下沟谷
党家村身居南、北有塬的沟谷之中，塬高四五十米，俗称"党家圪塎"。进村之前看不见村落，十分隐蔽。

图2-3 豁然开朗之"桃花源"
当你走到堰边，首先看到塔顶，相
继村落，豁然开朗，优美的村寨景
观尽入眼帘，似如"桃花源"。

"风水"的意义实乃考察山川地理环境，包含地质、水文、生态、小气候及环境景观因素。概括之为"龙·砂·水·穴"之相配，所谓"地理四科"。

党家村重阴阳，查山（塬）之向背，以达到"负阴抱阳"的目的。周围环境塬、沟纵横，即陕西境内秦川八百里特有的"土塬"之"势"。此势构成"觅龙"之脉。龙者塬之脉也。

"查砂"，西依梁山，再远有黄龙山脉，依风向属上砂之位，起收气挡风、避风及通风的作用，其南塬，象山等构成"寨山"、"朝山"的砂势。

"观水"，泌水随塬而行，根据"水抱边可寻地，水返边不可下"，至于泌水流向正符合由西向东的流向为最妙，显然系从中国的西北高、东南低的大地地貌特点推衍而出。

"点穴"，即村址最佳位置，"喜地势宽平，局面阔大，前不破碎，坐得方正，枕山襟水，或左山右水。"该村重凝气之点、重水口之意，满足了村落的容量及浇田、饮水的需要。

党家村景观区别于陕西关中平原的一般景观，关中村落大都遍布于渭河两岸黄土塬上，如星罗棋布，散处于视野所及。而党家村却身居塬下沟谷之中，不易发现，俟近塬边，首先看到的是塔顶，相继村落、民居、碑、楼与绿化相间尽入眼底，有《桃花源记》中豁然开朗之感。

村落的门户，按中国风水理论，"水口是一方众水所总出处也"，一般多选在山脉的转折或两山夹峙清流左环右绕之处。我国地形地貌的特点系西高东低，主要河流方向多自西向东，故一村之水多在龙脉的东或东南方向流出，又以东南方向为最好，即"巽位"吉方。凡水来处谓"天门"，若来不见源流谓之天门开，去处谓"地户"，不见水去谓之地户闭，水本主财，门开则财来，户闭则财不竭。党家村地处两塬夹峙，泌水清流左环右绕，且由西向东流入黄河。位置正为村落的巽位吉方，完全符合上述理论。

另按风水理论中有关水口与村落的距离有："自一里至六七十里或二三十余里，而山和水有情，朝拱在内，必结土地；若收十余里者，亦为大地；收五六里七八余里者为中地；若收一二里者，不过一山一水人财地耳。"实际上，一般村落水口大多在离村一二里处。这里反映水口与封落的远近可说明其"地气"的大小，以此确定村落的规模，即当今所称的"环境容量"。党家村的西依梁山，东濒黄河，如此距离为环境之大地，而该村具体地段为小地，即地形呈"葫芦状"之地也。

水口是村落外部空间的重要标志，也是村落内涵的灵魂，它不仅具有村落给水排水的功能，而且也具有象征意义和建筑心理学、建筑美学和环境景观学的价值。结合党家村的主巷（即大巷）原有东、西巷门，有如村落的"天门、地户"。这天门、地户便界定了整个村落的范围，强烈地烘托出村落的安全感，同时也表达了一种吉凶观。

村落的东南（巽位处）建文星塔（阁）增加镇阴的气势，借以扼住关口，表现具有较高的人文层次。传说古代炎黄二帝大战蚩尤，打得"天塌地陷"，即天塌西北，地陷东南，则有女娲补天之说。故将风水塔多建村落东南以取得平衡。

以上生态环境与景观完全符合中国风水理论的意象。长期对风水的认识偏颇于片面的理解，实乃凝聚着中国古代哲学、科学、生态学、礼仪……的智慧结晶，蕴涵着中华民族对天、地、人的卓见，并长期主导着城镇布局及村落的选址。

英国学者李约瑟博士指出："希腊人和印度发展机械原子论的时候，中国人则发展了有机的宇宙哲学"，他论及"中国建筑的精神"时，特别谈到风水在中国传统建筑文化中的表征，认为：再没有其他地方表现得像中国人那样热心体现他们伟大的设想"人不能离开自然"的原则。

三、瓦屋千宇，不染尘埃

韩城地区富藏煤炭资源，烧砖烧瓦方便，加之东濒黄河，南北水陆交通畅通，不愁木材运输等条件，致使党家村一律砖瓦房。但整个村落，历经几百年风风雨雨，其砖瓦青灰不减，一尘不挂，使人迷惑不解。于是文星塔顶有"避尘珠"的说法流传几代。

党家村环境及其景观独具特色。如村中长者所述："先祖定居此地，东濒黄河，西依梁山，人烟稀少，荒地广阔。""地处沟谷，形势特殊，人不注目、隐蔽，适于居住。""村外塬上，村庄好似一船漂于泌水之中，沿河绿树成荫，宛如碧波海洋，郁郁葱葱，如诗如画，河岸两旁，果园菜畦阡陌。""村内井水甘甜，不受天旱吃水之苦。"这些朴素的描述不仅明确的道出党家村优美的景观环境；同时也说出了党家村清新的生态环境。

党家村由于坐落在一个南北有塬的沟谷之中已经别具一格，并带来诸多特点，如：

1. "依塬傍水"之势，可获取良好的日照与屏障冬季北风袭来的寒流，夏季凉风顺川道掠村而过，全村冬暖夏凉；

2. 可随自然地势，组织院落及街道排水；

3. 有泌水于村南绕行，提供足够的生活用水及农田用水。

这些因素正符合中国风水（堪舆）相地

图3-1 果园菜畦阡陌

村落好似一船漂泊泌水之中，河岸两旁，果园菜畦阡陌纵横。

学说中，有"塬势之藏纳"与"地势之高燥"（指村在水与塬的坡地上），具备"风"与"水"的自然环境和景观特色，并蕴藏有山水之气，达到聚气的目的，凝结于"穴"，形成村落的龛位。

但还有两点不容忽视的特点，即：

4. 南、北两塬及泌水两岸均绿化成荫，提供良好的小气候及水土保持；

5. 南、北两塬均为黏性土壤，北为红黏土，南为白黏土，刮风天气不起尘土。加之葫芦形的沟谷，易于空气净化，远方尘土不易降

瓦屋千宇·不染尘埃

筑境 中国精致建筑100

图3-2 绿树成荫

村落中绿树成荫，郁郁葱葱，如诗如画。

落，因此村落空气清新，方构成"瓦屋千宇、不染尘埃"。

由于以上两点更使党家村景观愈加优美，别具一格，为黄土地区的民居"望尘莫及"。

综上，不染尘埃的原因不是有文星塔上的"避尘珠"，而是党家村的小气候及地质情况所致。这点启示我们在当今世界人类探求居住环境可持续发展中对生态环境不容忽视是多么重要。

四、特色浓郁的
合欢四合院

韩城地区为文史之乡，士风醇茂。四合院民居典型，地方特色浓郁，大都砖墙、瓦顶、木构，质量上乘，始建于北宋年间，兴盛于明清，遍及城乡。当时不仅官宦之家建造讲究的民居，一些殷实农商之家也建造。自得清嘉庆皇帝的嘉封，所谓"户尽可封"，则韩城四合院民居讲究之风四起并形成独特的风格。它既不同于北京四合院，又区别于陕西关中地区所说的"房子半边盖"（指单坡屋顶，俗称陕西八大怪之一）。

图4-1 典型四合院平面图
党家村习俗：①厅房供祖先；②门房住父母；③厢房住子弟，兄东弟西；④东厢房靠门，第一间为厨房；⑤厕所靠角落，沿街上开通风窗，下开出粪口。

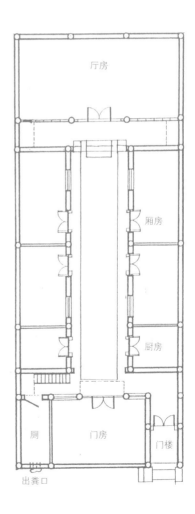

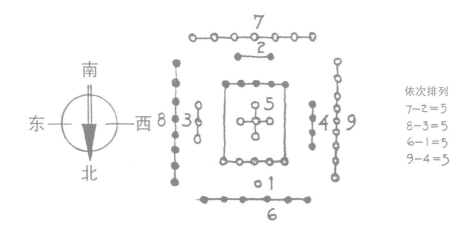

图4-2 河图

《河图》——关于《周易》一书来源的传说。《周易·系辞上》："河出图，洛出书，圣人则之。"《书·顾命》："天球，河图。"《孔传》谓："河图即八卦。"

    党家村四合院民居全面反映韩城地区四合院民居的典型特征。居民除有做官为宦之家，大都股实务农务商之户，普遍有力建造一砖到顶的四合院民居。村风醇茂以仕为荣，具有较高文化。经济实力雄厚，从明到清曾三批大量造房，在当时出现较多的"小康"之家。因此，党家村既反映有封建社会的共性，又表现出其显著的个性。没有形成"富者田连阡陌，贫者无立锥之地"的局面。因自耕农户较多及大部经商入股分成，没有形成经济的过大反差，致使党家村没有数进或诸多旁院相连的大四合院，也没有贫穷无着的棚户。这是一个很突出的特点，也是党家村耐人寻味的特色之一。

    党家村的四合院有"三分院子四分场"的说法。一般院基长22米，宽11米左右。院落呈长方形，青砖墁地，中央设"天心石"。上房叫厅房，左右两侧叫厢房，厅房对面叫门房。好似一人，厅房为首，门房为足，左右厢房为双臂，住这种院宅，父母、妻子、儿女合合欢欢全家安详，故称合欢四合院。另厅房为主，门房为宾，意思是贵主配贤宾。

讲究"连升三脊"，取意连升三级。即门前照壁一脊、门房一脊、厅房一脊。且一脊比一脊高，反映封建社会的观念，重视子弟读书，望子登科，连中三元。

房屋间数取单数。因按八卦，单数（奇数）为阳（一），双数（偶数）为阴（- -），一般做法厅房三大间，门房小五间，厢房三间或五间。檐下厢房两端设洞槽，借以盛厅房及门房的滴水。洞槽无论多宽，其椽数须为三、五、七根的单数。

房高有定数，按《河图》所示方位之数，即将东房落到三八，如1.38丈、 1.038丈、0.938丈；西房落到四九，如1.49丈、1.049丈、0.949丈；南房落到二七，如1.27丈、1.027丈、0.027丈；北房落到一六，如1.6丈、1.16丈、0.916丈。

图4-3 东高西低，兄高弟低/对面页
党家村东西厢房的高度不同，这是一般四合院中少见的现象，如果不经指出，很难发现其内涵的原因。即"东高西低，兄东弟西"的道理。

特色浓郁的合欢四合院

◎ 筑境 中国精致建筑100

a

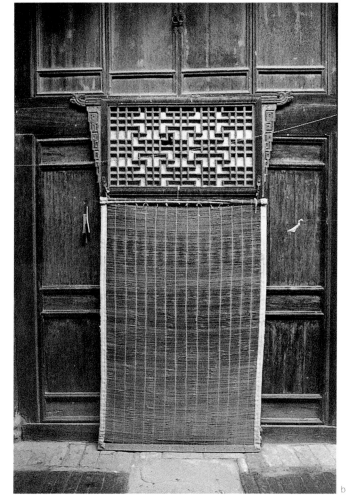

b

此外，厢房高度不等，有兄高弟低，兄东弟西之说，即东厢房比西厢房高，这种现象在党家村宅院中到处可见。

另厢房要门对门，窗对窗，用意是"门窗相对兄弟合"。窗有花格，门上有帘架，冬挂棉帘，夏挂竹帘。

门宽有规定。定门口宽窄时，当地木工都有专用工具曰"门尺"，尺上每二寸刻一字，顺序是财、病、利、义、官、劫、害、本八个字，根据房间性质和用途定门口尺寸。如厅房、门房、厢房、伙房、马房等用途不同，尺寸亦各异。

图4-4a~b 门帘与窗帘/对面页

党家村门窗装修比较讲究，不仅花窗格各式各样，门的亮子窗格也是花式多样，并附有门帘架，冬季为御寒挂棉帘，夏季为防蚊蝇挂竹帘。

a.冬挂棉帘；b.夏挂竹帘

图4-5 排水绕门而过

四合院内雨水先汇集于院中，然后经过有组织的排水暗沟经大门的排水口绕门而过，再流入巷道，顺坡排到下面。忌不绕门即流走，寓意财宝不流失。

特色浓郁的合欢四合院

筑境 中国精致建筑100

四合院坐落，因巷道走向不同，依巷之方位有东宅（巷东）、西宅（巷西）。大门位置也按八卦方位确定。乾（西北）、坎（北）、艮（东北）、震（东）、巽（东南）、坤（西南）、兑（西）、离（南）代表四面八方。大门位于乾、艮、巽、坤者称"四隅门"；大门位于坎、震、兑、离者称"四正门"；大门为四合院的主要入口，一般民居喜坐北朝南，此种宅院称坎宅，但并非仅此不可。如党家村上寨三条巷道均南北走向，则宅院除震宅即兑宅，故四合院及其门的方位均应具体对待，但有一定的规制选择其吉方。

院落天井狭窄，目的在于采光和通风，非着意于日照。陕西关中地区，普遍处于黄土平原之上，夏季炎热，收工归家急需一个荫凉的环境。由于井深，吃水困难，故院中有"窖井"，将房子盖成单坡顶，以期雨水汇入院中，俗称"四水归一"。党家村吃水不难，单坡屋顶不多，但雨水仍然有组织地汇入院中，再经水道拐弯，从排水口流出并需绕门而过流入巷道排走，忌不绕门而流失，寓意金银财宝不流失。按"放水定位"中对排水之说有："总宜曲折如生蛇样出去便佳，水不宜直流，为水破天心；不宜横过，亦为水破天心；也不宜八字分流为散财耗气；也不宜门下穿出，主耕散贫穷；或斜出直出而不曲者，名抱枪煞，凶……"

讲究之官宦人家，门前设旗杆斗子。进士家为双斗旗杆，举人家为单斗旗杆。这样的四

图4-6 福寿人家

合欢的院落，长幼有序的祥和，多少福寿人家。

合院人称"旗杆院"。党家村中少数四合院为二进，中间有过厅，门房设有客房数间，当时称作深宅大院；单独设马房院，并靠近村边；也有为数甚少的窑洞四合院，即靠崖挖窑洞，两侧盖厢房，对面盖门房。

韩城对合欢四合院描述有：南楼北厅巽字门，东西厢房并排邻，院中更栽紫荆树，清香四溢合家春。

五、诱人的巷道构成

党家村的巷道基本上决定了村寨的形态结构。它有主巷、次巷、端巷（死巷，即死胡同），有长有短，曲曲折折。根据分析，它既不是先有道后有屋，也不是先有屋后有道；它既自然又具理性；并结合地形兼顾巷道与宅院的排水。

党家村巷道是由各户门楼及沿街门房所围成。宽度不等，宽者3至4米，窄者1米多。主巷为东西向穿村而过，但不取直。次巷与端巷疏密适度与主巷有机联系在一起，构成民居宁静的环境，不受过境的干扰。巷道路面一律石墁，断面呈锅形，中间低、两侧高，以利顺势排水于中央，防止雨水浸近民居墙基。各巷道的走势重视地形的排水方向，又满足宅基地的合理划分。这就是党家村巷道及村寨形态构成中极为重要的原因和组成因素。

图5-1 修铺墙基
村中巷道一律石铺，道路断面呈锅底形，中间低两边高。雨水中间流，两侧可走人并防止雨水浸蚀两侧墙基。

图5-2 涝池

池塘（陕西称"涝池"），上寨池塘旁边有开
阔地段，为下村上寨的必经之地，似如广场，
在此可俯视全村景象，也是妇女洗衣、村民相
互交往的场所。

上寨泌阳堡的巷道为三条南北走向的巷道分别在
南北两端相连，明显反映出与泌阳堡地道之间的方便联
系，适应防御性的人流组织。

村与寨中的巷道均有一系列的节点，它不脱离道，
但又别于道，是介于巷道与广场之间的形态。如上寨中
涝池地带，是居民洗衣、纳凉、相互交往的场所，又是
上下寨交通的枢纽。本村主巷虽长而不笔直，沿巷不时
出现若干节点。如戏台、翰林院、节孝碑、党姓祖祠、
井房等地段。

由于巷道因内容、地形、方位等不同，所起的巷道名称也颇有意思。如"当铺巷"、"六行巷"、"小坡崖巷"、"南巷"、"汲福巷"等。因此巷道是传达、记忆、形成村落整体意向的载体，又有生活、风俗等含义；同时又有标志、节点、道路和边沿等作用。

党家村巷道不仅优美，而且具有内涵：

1. 大门（院门）不冲巷口

凡大门均躲开巷道之口，避开冲巷之处不仅着眼于避开喧闹的巷道而又引入一层神秘的吉凶祸福。风水认为大门为"气口"，除应位于本宅的吉方以外，尚要避凶迎吉，方能导吉

图5-3 巷道
村中各巷，路不取直，各段宽窄不一，沿整个巷道又有若干个节点，如戏台前、祠堂前、井房前等。《阳宅觉》："既辨门时更辨路……弯弯曲曲抱门前，形似金鞭玉带护。"

图5-4 井房
井有井房，井房周围环境宽敞，也是邻里打水和交往的场所。

气入宅。按"盖以街巷作水论"，则宅前也不
宜有大小直冲。因此"立门前不宜见街口"。

一旦院门很难躲开巷道冲口，则立照壁或
屏幕墙对冲巷口，在其两侧开院门，达到门以
"偏正为第一法"，并取得空间的曲折幽致的
效果，借以达到避凶化吉。

2. 巷不对巷

党家村巷道无论主巷、次巷或再次巷均少
有笔直。通过曲折、坡度、宽窄等变化给人以
丰富的方向感和导向性，具有强烈的识别性和
记忆性。同时又少有巷与巷相对的情况，均错

韩城党家村

诱人的巷道构成

筑境　中国精致建筑100

图5-5 巷道景观/对面页

由于各巷道走向、长短、宽窄、高低不同，以及各户门楼的千变万化，且又和谐统一。各巷道已经成为村寨形态的主要载体。其景观很是优美。

图5-6 照壁书刻/左图

照壁书刻"安详恭敬"四字，书法端庄秀丽，为韩城状元王杰所书。王状元，字伟人，号惺园。清乾隆年间累官东阁大学士，有"名冠朝班四十年"之誉。该照壁因冲巷道而设，故其下方尚有"泰山石敢当"一方。

图5-7 侧向开门/右图

该户因避门楼冲巷，则退后一个空间，再侧向开门，退后空间墙面设照壁以对巷道，出门对面墙壁也设一照壁，如此解决门楼和巷道关系。

图5-8 巷道/上图

巷道曲折不仅丰富了景观，而且加强了方向感和导向性，有利于丁字路的识别和发现。

图5-9 泰山石敢当/下图

泰山石敢当，又名石敢当、石将军、石丈夫等。具有避邪作用。《舆地碑记目》录："石敢当，镇百鬼，压灾殃，官吏福，百姓康，风教盛，礼乐张。"一般放置车房前、村口、宅口、冲路口等处。

开或呈"丁"字形结构。此时巷道冲对的墙上一定设照壁或嵌有一方"泰山石敢当"[1]。

图5-10 太山石敢当/左图

"泰山石敢当"也有写"太山石敢当"者，并非误写。古时"太"与"泰"两字是通用的。如"太一"亦作"泰一"。

图5-11 厕所通风口与淘粪口/右图

巷道中经常看到离地一尺多高有一洞口，外面盖石板或用砖挡住，其上部有砖砌花窗，即内部厕所的通风口与淘粪口。

---

[1]传说炎黄时代，炎帝求助黄帝战蚩尤，但因蚩尤头角无人能敌，所向之物，玉石难存，黄帝屡遭惨败。因此蚩尤登泰山而渺天下，自称天下无敢当，女娲遂炼石以制其暴，该石镌有"泰山石敢当"五字，致使蚩尤溃败，黄帝乃遍立泰山石敢当，蚩尤每见此石，便畏惧而逃，后在涿鹿被擒，囚于北极，从此"泰山石敢当"成为民间避邪神石。此外，尚有其他说法，总之不外"镇安天下护居民，捍卫道路三岔口"等镇邪的含义。

韩城党家村

诱人的巷道构成

◎筑境 中国精致建筑100

图5-12 洞门框影
双心拱起券的尖洞门所产生的框景和巷道的层次感十分诱人。

3. 门不对门

　　各户院门无一相对，相互错开。院门所面对的墙，有作砖雕照壁，并赋以福、禄、喜、寿的题材，有出门见喜的意思。门不相对使各户互不干扰，达到视线隐蔽，以求私密和宁静的环境。

　　此外，党家村很讲究院宅与巷道的卫生，一般厕所设在院中门房角落，但其淘粪却不进院，而是在巷道取粪。巷道中所见，上有砖花搭砌的花窗，下边有砖或石板挡住的洞口，其内部即厕所。

　　综上，党家村以其极有内涵的传统街巷，加之两侧各户的门楼、上马石、拴马环、旗杆座以及门额等构成的巷道景观十分诱人。特别是巷门、洞门所产生的空间层次更是引人注目。

六、户户高门楼，家家有匾额

户户高门楼，家家有匾额

筑境 中国精致建筑100

图6-1 门楼
党家村门楼格外引人注目，其醒目的门楣题字反映着主人的地位和名望，精美的门楣，巧夺天工的墀头、照壁、神龛、门槛、门枕石……鲜明地见证着历史。

图6-2 上马石/对面页
门外的上马石是家家户户都有的，朝巷道一面刻有铺首式的兽面。是守门的吉祥之物。

党家村的巷道是离不开门楼的，高门楼是韩城地区民居的一个显著特征并形成独特的风格。中国传统历来重视门与路之间的关系，由于它是宅院的出入口和门面，是宅院内外空间分隔的标志，经常予以重点装饰和艺术处理。并在方位与路的关系上有一定的章法，绝不滥用。

党家村的宅院门几乎全部是高高的门楼，即地方上所称的"走马门楼"。门楼外面一般均有上马石、拴马桩、拴马环等；因"拴马"，迎送乘马之宾客而得名。

门楼十分讲究，门楼两侧墙面有砖雕的家训或有纹样的壁砖。门上方有鹰嘴灯架，门的

户户高门楼·家家有匾额

筑境 中国精致建筑100

图6-3 拴马环/上图

除上马石外，还在门外两侧墙上装有金属的拴马环，或埋石制的拴马桩。

图6-4 门槛/下图

家家户户的门槛别具匠心。门槛是由上、下两个长板凳组成，白天开门后可将两个板凳放在门的两侧，供邻里谈天、妇女戏童和做针线活以及憩坐之用。

"墀头"巧夺天工，花砖雕饰，形式多样，题材丰富。大门黑漆包铁页子，六角或八角形花页铺首门环。两个板凳组成的门槛十分别致。各式各样的抱鼓石、门枕石的雕工精细。加之门簪、门楣等木雕装饰可谓集木雕、砖雕、石雕于一处，而更为夺目者为门额及题字。

党家村在门额上题字由来已久，蔚然成风，而且流风余韵至今不绝。它既有社会意义，反映当时宅主的政治地位、文化修养和精神面貌，又有审美情趣，书法讲究，制作精细，个别匾额尚呈立体感，成为门楼不可缺少的部分。

党家村的门楼题字，基本为明、清时期的，所见题字可分为五类：

1. 光门楣（显耀类）

如"进士"、"进士第"（次第）、"世进士"（二个以上的进士）、"世科第"、"明经第"（贡生别称）、"登科"、"文魁"（取得举人）、"太史第"（选入翰林院供职者，明清对翰林有太史之称）等，说明宅主或近亲的政治地位、官爵或功名。

2. 箴铭类

前者夸"贵"，此类为显示"富而好礼"。即尚无功名可题，则用圣人的言语题于门额之上，说明门第不凡，作为道德信条，警醒自己，训诫后代。如"忠恕"（取曾子云："夫人之道忠恕而已"）、"忠信"、"忠

图6-5 抱鼓石

固定门框的两侧抱鼓石，形式多样，如狮子、花卉、人物、八卦……，均雕工精细。照片所示抱鼓石纹样为一纳凉的孩童，敞胸露怀，十分生动，鼓座四角为小狮子。

图6-6 枕石

除鼓形外，尚有方柱形门枕石，题材也是多姿多彩，照片所示以荷花莲叶为母题。

笃"（论语中"言忠信，行笃敬"）、"富德居"（"富润屋、德润身"说明富了还要注意德行）、"孝第兹"、"和为贵"、"谦受益"等。

3. 祝福类

此类均属祝愿平安、吉祥、幸福之意。如："承天休"、"天赐吉祥"、"居之安"、"诒谋燕翼"（为子孙造福之意）等。

4. 标榜类

反映宅主一种向往和追求。如："耕读第"非指耕田读书，是一个历史概念，特定内涵。指士大夫起于田间，诵儒家之言以取功名，自汉至清末，耕读一直为"士"阶层所向往并乐于标榜。

a

b

c

d

e

图6-7 门楣题字

党家村的门楣题字多为名家所题，或楷或行，苍
劲有力，飘逸流畅，题字内容寓意深刻，文化气
息浓郁，基本为光耀、显赫、忠笃、祝福、标榜
等类反映门第的地位和标志。漫步于巷道之中，
似如走进一个传统文化艺术的画廊。

5. 其他类

上述匾额题字脍炙人口，绝大多数出自士人手笔。说明党家村是一个具有较高文化层次的文风醇茂之乡。

此外，有的四合院在走马门楼内再设一道二门，一般贵宾光临方能开启，其门楣上依然有题字。

图6-8 庭院过洞门
有的四合院设二道门，门上也有门楣题字，照片所示，外有"积善堂"，内有"楚书是宝"。该门为卷棚式屋顶，为一般民居中所少见。

七、三雕俱全

筑境 中国精致建筑100

党家村民居很讲究建筑装饰的精美，通过雕饰把普通的民居打扮得如精美的艺术品，令人叹为观止，流连忘返，而且内涵丰富。

所谓三雕系指砖雕、木雕和石雕，根据建筑部位及构件本身在建筑结构中的作用选用不同的材料，同时施以美化的手段达到装饰的目的。这些装饰构件是建筑本身不可缺少的部分，并非可有可无的附加物。本来普普通通的砖头、木头、石头，经过鬼斧神凿则巧夺天工，变成花卉人物、飞禽走兽、吉祥如意、福禄喜寿、文房四宝、八卦太极等丰富多彩、千变万化的艺术品，反映着历史的风貌。

砖雕：砖瓦在建筑中的地位，最适于墙身和屋面，不怕风吹雨淋。砖雕到了清代在工艺上较以前更有了进一步的发展，不仅雕工玲珑剔透而且增加塑造工艺于一体，使造型更为立体。如屋脊的雕塑确实有雕有塑，有繁有简，

图7-1 脊饰塑代雕
清代民间脊饰，很多采用以塑代雕，工艺简单，效果立体，构件尚可装配。

图7-2 砖雕墀头／左图

砖雕墀头，山墙顶部出挑封檐的重点部位装点得美观动人，非常引人注目。选用八卦图案，前方为"太极"，侧面符号按后天八卦为"兑"，按方位为"西"。

图7-3 巷道上照壁砖雕／右图

"寿"字照壁本身并不在山墙中央而是利用山墙墙面以面对对门的宅门中央。

图7-4 门道内砖雕

门庭家训是党家村一大特色。照片中的"父母遗体重，朝廷法度严，圣贤千万语，一字忍为先"及"无益之事勿为，无益之人勿亲"均系门庭家训。此外尚有"薄味养气，去怒养性，处抑养德，守清养道"、"富时不俭贫时悔，见时不学用时悔，醉后失言醒时悔，健不保养病时悔"，等等，不一而足。

繁者立雕立塑，简者阴刻划线，并有五脊六兽（正脊两端为二兽。山墙垂脊有二兽，二面山墙共四兽）。

用于山墙顶部出挑处的"墀头"巧夺天工引人注目，线脚圆浑层次丰富，精雕细刻。各类题材不一而足，如太极八卦，万字纹，宝葫芦，荷叶莲花，琴棋书画，如意云草等。

用于照壁形式多样，有巷道上照壁、门道内对应照壁，几乎全部施以砖雕，村内宅院内到处可见。有直观的福禄喜寿，吉祥如意；有隐喻的福禄喜寿，吉祥如意。

这里值得一提的是大门两侧、厅房两侧、进门面对的墙壁等处所砖刻的"门庭家训"，是党家村户户皆有的文化景象。其流传和影响，比四书、五经更为亲切，极富生活哲理。流传千载的朱子治家格言在党家村的四合院中到处可见，祖辈们将为人之道、处世之理、修身之法、养性之规，以家训形式刻于大门庭院醒目之处以训教子孙，反映先辈在为子孙积累物质财富的同时，还不忘为子孙积累丰富的精神财富，确为文化之村，让人敬仰，引人深思。

木雕：包括门窗装修、隔扇、屏风、木结构装饰、门帘架、灯笼架、挂落、门楣、匾额、家具陈设等均施以雕饰。明、清两代将古代木雕工艺也推向高峰，形式纹样成熟。

图7-5 门前照壁砖雕／上图

福禄喜寿门前砖雕照壁形象生动。以"鹿"喻"禄"；以"喜鹊"喻"喜"；以"松"喻"寿"……此外尚有"蜂窝"喻"封"；以"猴"喻"侯"，加之猴子向上爬时背一大印，寓意"封侯挂印"、"步步高升"。

图7-6 门前阴刻／下图

"福"字照壁 门前阴刻"福"字照壁中的"福"字为慈禧太后手笔，其字笔法流畅，结构优美，一气呵成。特别该字的形象似如双鹤并立，一鹤仰视、一鹤俯视，反映字入画境。

063

a

图7-7 门窗木雕

门窗花格式样多种多样，争奇斗艳，加之贴上剪纸窗花，更使室内外窗景非常美妙。

b

c

図7-8 家具木雕

明清家具中的八仙桌、太师椅、条几、香案、博古架、衣箱……均工艺精细，造型美观。照片所示的圆形火盆架，冬季取出中央圆形木板，上放火盆，成为厅房的趣味中心。

a

b

图7-9 门廊挂落木雕/上图
门廊挂落，木雕后施以彩画，使青砖灰瓦的高门楼顿时光彩夺目。

图7-10 柱础石雕/下图
这是一个方形柱础，造型优美，石础分三级，下两级为底座，四狮托盘，形象生动，反映清代石雕的风格。

石雕：用于接近地面的石柱础、门枕石、上马石、抱鼓石、旗杆座、拴马桩……等。

加之油漆彩绘、金属工艺等综合艺术所形成的气氛呈现出村寨一片文风昌盛的景象，这里也凝结着民间的意象和智慧，堪称民族文化的瑰宝。

八、优美的村寨景观

党家村周围环境密布土塬、沟谷、绿化，抬望层塬无尽，近观土笋成林，大地景观极为别致。

隐居于两岸土塬的"圪塝"之中的党家村景观独具风采。远看只见塔顶；中观半露村貌，犹如怀抱琵琶半遮面；近视瓦屋千宇，塔、碑、楼、巷及民居，特别是户户高门楼、家家有匾额，以及上马石、拴马环等所构成的气氛似进入远离今日的一个古代村落。

进村环视周围，好似一幅明清的长轴画卷。村寨边沿、泌水两岸、南北塬上绿化成荫，看家楼、文星塔、节孝碑、祖祠等与民居

图8-1 泌阳堡门
泌阳堡门洞给人以戒备森严的感觉。

相映生辉，村寨的轮廓线韵律起伏十分生动。仰望东北方向，视线被引入写有"泌阳堡"横额的堡门，是下村进入上寨的入口。堡门为双心尖拱形门洞，土洞内衬砌砖壁，上下坡道石材铺面。仰望上寨的土崖陡峭险峻，高出村址三五十米，极为壮观。平视东南方向，耸立有"文星塔"，身姿秀丽。按中国传统观念"天陷西北、地倾东南"的说法，塔建于村之东南为祈吉去灾填补心理上的平衡；另为"兴文运"，供奉"文昌"与"至圣先师孔子"以祈祷文风丕盛的民俗意念。

村落中央昂首挺立的看家楼，环视着整个村寨，东南有文星塔、北有节孝碑、东北有泌阳堡及成片的民居构成党家村优美的天际线。加之村内巷道的曲直错落所形成的网络及

图8-2 党家村上寨

当时"日进镖银千两"、"富冠韩塬"的党家村所建的上寨，一半为土夯城墙，一半为悬崖，十分壮观。

图8-3 看家楼/后页

看家楼地处村之中央，仅次于文星阁的第二制高点，楼高14.5米，周围15.5米。登楼可环视全村，起着看家的监视作用，也是村中一个景点。

宁静的居民区，完全符合凯文·林奇（Kevin Lynch）关于城镇形象的五个要素：道路、节点、边、区、标志，并又极有内涵，即诸多隐喻的景观，这些都是不讲就很难看到的内在美。

遗憾的是原来村口的石牌坊、哨门及主巷上的戏楼等现已无存，否则入村四望，郁郁葱葱，石牌坊、哨门等建筑小品隐约其间，加之现今尚存黄土地区的自然景观"土笋林"，俨然风景之区。

图8-4 节孝碑

光绪年间，该村党牛氏，早年丧夫，无子女，守寡三十余年，孝敬父母，被誉为"巾帼芳型"。碑楼为砖砌，仿木结构的砖雕，造型优美，有较高艺术价值。

文史之乡·人杰地灵

筑镜 中国精致建筑100

党家村重视文化教育，请师开塾，培养子弟，不愧为韩城地区的文化之乡。

由于党家村在明、清两代经济富裕之后，不仅表现在大兴土木，修建民居，也表现在追求文化的提高（读书识字）。韩城地区在明万历年间建房较多，据《县志》记载：韩城"隆（庆）万（历）以前，科甲稀疏，自兹而后，人才蔚起。"可见经济发展与文化提高，二者的发展是同步的。当时，县城和大镇设有书院，乡村广设义学、私塾。终于出现了"一母三进士，一举一贡生"、"下了司马坡，秀才比驴多"的盛况。

党家村党、贾二姓祖祠共12座（寨子上三座，村内九座），这些祖祠除祭祖外还兼私塾之用。此外尚有专馆私塾。明清两代以"科举进士"，读书成风。该村于明代有举人党真和贾孟辀；清代有举人党圣和贾乐天，还有进士党蒙，其人历官翰林、刑部军职，后任云南临安知府。此外全村共有秀才44名，其中文秀才36人，武秀才8人。可见一个不到百户的村庄几乎半数人家取得功名，怎能说不是文化之乡。迄至民国以后，该村仍多人在外从政、从军、从事。有的身居要职，不多叙述。

村中文星塔与文星阁表现祈求文风不盛。过去私塾、学校均供神，除先圣孔子外，即供奉文昌神，文昌星主宰功名利禄；次为魁星，主文运、主文章。

图9-1 党姓祖祠平面、剖面图

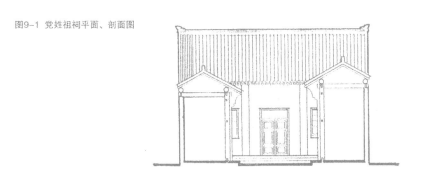

A-A 剖面

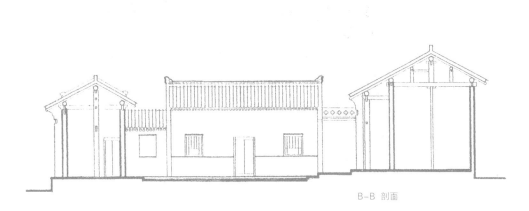

B-B 剖面

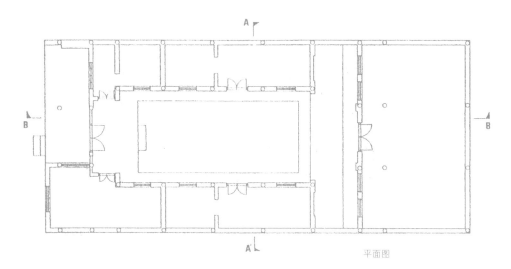

平面图

文史之乡·人杰地灵

韩城党家村

筑境 中国精致建筑100

图9-2 党姓祖祠牌位／上图
厅房内正中，供奉党姓祖先神位，供桌上摆古铜香炉，庄严肃穆，
恰似佛堂。

图9-3 自家祖祠牌位／下图
为一般村民自家厅房内供奉的祖先牌位。

图9-4 文星阁（塔）

文星阁为歇山顶。阁与塔贴在一起，此种做法极为少见。

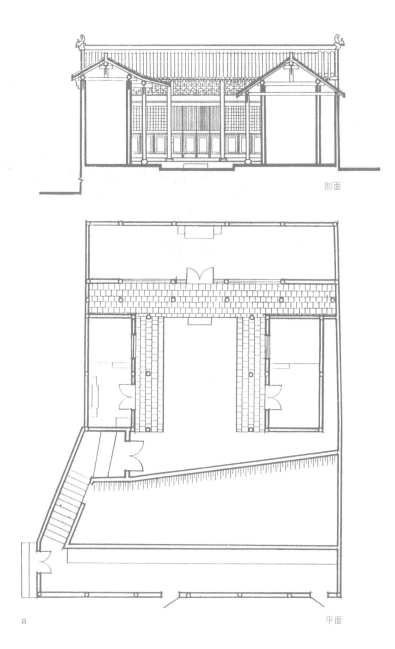

剖面

平面

a

b

图9-5a,b 专馆私塾平面、剖面图

该村所建"文星塔(阁)"为韩城市市级保护文物。始建于雍正三年(1725年),原为木构,经火毁后建三级砖塔。因嫌其渺小,于光绪三年(1877年)推倒。光绪二十年(1894年)重修,第一级完后因基础沉陷,停了三年后又开工,光绪三十四年竣工,为七级楼阁式砖塔(实际为六级,算塔顶为七级),高37.5米,围19.5米,六角形砖塔。塔下建"文星阁"。

文史之乡·人杰地灵

筑境 中国精致建筑100

文星塔为党家村重要景点，起着村寨景观的标志性作用。位置讲究，意在取不尽西北，补不尽东南。塔身砖檐叠刹完整，所差一至五层上的门额："造化参笔"、"云霞仙路"、"文光射斗"、"直步青云"、"大观在上"有些残缺。塔身有少量倾斜，多因地基所致，该村已注意保护。

塔下有党家村小学一座，幼儿园一所与文星塔一起均为文化教育建筑，可谓其兴文运、祈文风之举承先启后，继往开来。

十、木构架，真楼房

木构架，真楼房

筑境 中国精致建筑100

图10-1 房屋结构
照片暴露结构为四架梁，因有廊。上下两段成7：8的比例。

图10-2 活动木梯
/对面页
活动木梯，用后可移走，专门用于登阁楼取东西。

党家村房屋结构均为木构架，因韩城地处陕、晋交界，党家村盖房用料取材山西。

屋架做法简洁，基本为三架梁，有廊者多一架。

厅房比厢房做法讲究些，所用木料优质，脊梁的支撑立木以原木雕花驼峰代替，花板雕饰卷草纹样，花式不等，轮廓呈三角形云朵状。

经调查，除构件本身大部素净而无太多装饰，因各房均带阁楼层，这样房间内看不到屋架，而被阁楼的地板所遮挡。厅房多取高大开敞不做吊顶，而是"露明造"，由于梁架结构外露，故做法比较讲究些，相应木构件施以雕饰。

图10-3 厅房带阁楼

木构架，真楼房

筑境 中国精致建筑100

　　受力结构为木构架，承受屋面重量，所谓房倒屋不塌。其围护结构的墙体是外皮砖砌，芯子为"胡基"（即土坯），相传为胡人带来的做法，故称胡基。门窗一律木装修。

　　房屋屋顶形式以硬山为主，少量悬山。有利邻舍连接。兼起相邻院落的防火作用。

　　房带阁楼，但其功能并非住人，而是作贮藏物品之用。除少数宅院在门房或厢房之间设固定木楼梯外，一般均为活动式木梯上阁楼，用完移开。

　　阁楼层高度与房间高度之比为7：8，即当地所讲："上七（尺）下八（尺）"，所谓"真楼房"。

　　通常在厅房、厢房与门房之间的阁楼可以串通。

十一、民风民俗

厅房正中是挂祖幂（或像）为年节祭祖的场所，幂（或像）下设供桌，上摆古铜香炉、高脚香器、蜡烛台、铜狮、祭祖馍盘、干果碟子、油食座子。节时，香烟缭绕，氤氲清香，庄严肃穆，恰似佛堂。

当红、白、喜、庆四大事时，厅前十二扇艾叶门齐卸，歇檐（门廊）与内厅连通一起，更显宽展。中堂挂"天官赐福"，梅红表对联挂在两侧。厅中内山墙十二扇软屏或硬屏，排列左右。厅中间安三席，两边各六席，上席位是椅子，有绣花桌围裙，栽绒椅搭垫子。喜事用红彩屏，厅明柱上对联鲜艳夺目，红纱灯高悬，插屏立当院，红烛满屋照，增添了节日气氛；丧事用白素屏，院中白布幛遮天。据说这种风俗是状元王杰由北京带回，因叫"乾隆式"。

图11-1 土地神

进大门即见土地神，属地方神中的社神。社神有两义：广义即土地神；狭义指村社之神，一般指后者，即有村寨就有村寨的保护神。由于中国以农立国，又以村落为基本单位，社神占有重要地位。《礼记·郊特牲》："国中之神，莫贵于社。"

平时居住有"兄东弟西"的习俗，家长一般住在门房屋内，阿家妈坐在炕上，从窗眼便可瞧见人的出入情况，小心门户，防贼防盗。

灶房设在东厢房，"东起西落人丁旺"。

门楼内面对厢房的山墙上设土地神。

儿媳等晚辈必须"黎明即起，洒扫庭院"。扫门道时，以门槛为界，从外向内扫，寓意"财帛不外流"。

村寨定村规，对下雪扫坡、巡行、巡更守夜、迎神赛会，岁时节令均有一定安排。

春节——腊八开始到正月十五。腊八祭腊

图11-2 门神

门神是民间非常普通的信仰，各民族都有门神崇拜，但崇拜对象各有不同。古代汉族关于门神的解释很多。在《月令广义·正月令》中："(神隐)元旦三更迎灶神毕，钉桃符，书聻，画重明鸟，贴门神钟馗于门，以避一年之祟。"后来又有神茶、郁垒、秦琼、尉迟恭，还有温、岳二元帅等。但都不外防鬼，以图家庭安宁的祈愿。

神，各户做"五豆"又名"腊八粥"的食品，祭神后除人食，还给家禽吃，并给树木根上撒。在此期间各种名目的腊八会（集市贸易）热闹非常；腊月二十三，祭灶神（张灶君）意思送灶王爷上天，各家做灶糖、黏面、蒸馒头等食品，意为粘住灶神的口，祈求其"上天言好事，下界保平安"，并以此为对联；以后，节日气氛日浓，孩童敲锣打鼓，大人打扫房屋、糊窗纸贴窗花（剪纸）、贴门神，做敬祖先的准备；除夕，最重要的活动是迎神"天地三界，万灵主宰"，各家按长幼顺序拜年，吃团圆饭，大人给孩子发压岁钱；初一拜年，先在各家中祭祖先，天明前到本家族中序拜，天明后本族代表进行互拜，然后男人全去祠堂拜祖先，祭后，祭品分给各户，且五十岁以上者双份，五十岁以下者一份。

灯节——邻里间以二三十人成立一个会，出钱办灯节会。此种会有娘娘会、马王会、龙王会、灯山会等。灯会一般三个晚上：

正月十四晚，各家以众糕在自己家的神座敬神后到祠堂敬；

正月十五晚，各家做元宵，活动与十四晚相似；

正月十六晚，各家做凉面，活动与十四晚相似。

党家村原有十六对大纱灯，表现一套西游记的内容，在灯会的三天，全部挂在村的街巷上，有固定位置。

图11-3 社火

春节期间的正月初八、初九、初十，有最热闹的皮影戏。

各家的花炮，一般十五晚上在戏台前放，晚上尚有其他活动，如旱船等。

清明节——主要是祭祖，在自家院内设香案，后上坟。党家村一般是清明节五天前上坟，因为清明及前后有各种会可以参加。特别是清明当晚，去西庄镇参加迎神庙会。吃菠菜面。

端午节——此日，本家敬神，新过门的媳妇给娘家送"端午"以表明自己在丈夫家手巧能干。

七月七——也称"七巧七"或"巧娘娘"。此日农民休息，合家团圆，蒸花花馍，摆瓜果，活动在庭院内。

七月十五——庄稼成熟，神看庄稼。实际活动是农民们敲锣打鼓到田里看庄稼。

八月十五（中秋节）——做月饼，吃月饼，每户都做羊肉饺子。

十月初一——祭祖先，活动和正月初一相似。

以上节日期间，丰裕之户人家都穿长袍马褂，戴礼帽，可谓衣冠楚楚。

综上节日活动增添了村民的精神生活和喜悦，反映普村同庆、普村同乐，并结合农历节气，作物耕种与收获，祭神敬祖等活动增加了邻里亲戚关系，体现了和谐亲睦的气氛，以及集市贸易、集体活动等，是丰富村民生产、生活的一个重要方面。虽然今日生活已有新的变化，民俗习惯已更新面貌，但这种民风民俗的习惯依然延续着。时至今日在节日和重要活动时尚举行"社火"。

十二、老村保护，新村另地

党家村已历经沧桑六百余年，迄今尚保存如此现状已属万幸。其主要原因：

1. 老村（包括上寨）的风貌极为壮观秀丽，确有"何必蓬莱寻隐境，桃源此处正宜家"的感觉；

2. 良好的生态环境，冬暖夏凉、井水甘甜，以及宁静的村落；

3. 原有民居质量上乘，尚能满足现代生活的使用要求，如使用面积、院落、环境等方面均可满足农村生活的需求；

4. 原有巷道均石铺路面，雨天不泥，排水流畅；

5. 村民认为所住的房屋是祖先留下的遗产，存有珍视之情。

以上说明该村尚具有适应时代的生命力。无疑，由于现代生活的变化，必然也存在诸多不适应的地方，但其基本形态却完整的保留着。据了解党家村以前风貌更为壮观秀丽。村中有砖塔三处（除现有文星塔尚有上寨东崖下的实心六角，高7—8米砖塔一处，及汲福巷北坡塬上的实心六角形砖塔一处）；砖木结构的大小哨门25处；庙院两处；戏楼两处；节孝碑一通；贞节牌坊二座；当铺二处……。目前虽然有些拆掉已不复存在，但村落的基本格局还展示着原有的风貌。

由于人口增加，户大分支，原有村寨的房屋面积已不能满足日益增长的需求。党家村采取的方针是老村保护、新村另地，即采取积极措施改善古村寨原有生活设施和居住环境；发展新村，在塬上划地建新房的办法。

老村几乎找不到一块红砖，新村盖房仍大部采用青砖，也有个别宅院用了红砖，但其门楼、形式却依然保留老房的遗风，因此新老村之间极为协调，也有高门楼、匾额，所差者为现代意义的题字，如"今胜昔"等。

近年来不断有外宾来村参观考察，迄今先后已有美国、日本、英国、加拿大、新加坡等国家和我国香港、台湾地区的专家、学者到党家村参观和调查；内地专家、学者也不断接踵而至。由于党家村的价值逐渐被人们所认识，党家村作为中国一个保留完整的罕见的传统村落和民居的遗产已蜚声国内外。

a

b

图12-1 新村门楼

新村建房仍保留高门楼的习惯，依然砖木结构，不少旧房拆下的脊饰、兽吻以及山墙墀头又搬到新房之上。门楼上同样作匾额。

大事年表

朝代	年号	公元纪年	大事记
元	至顺二年	1331年	党家村始名东阳湾，元至正二十四年（1364年）更名党家湾，后改为现名
明	永乐十二年	1414年	党姓三世长门长孙党真中举，十二年后（1426年）提出村庄下迁计划（现村址）并作规划
	弘治八年	1495年	贾连（贾姓来韩城后第五代）和党姓联姻并移居党家村，从此村民以党、贾两姓为主
清	康熙三十八年	1699年	建党姓祖祠（现村委会）
	康熙四十九年	1710年	建贾姓祖祠（现文化室）
	雍正三年	1725年	建文星塔（阁），经火毁，光绪三年（1877年）推倒，光绪二十年（1894年）重修，竣工于光绪三十四年
	乾隆十八年	1753年	建戏楼
	乾隆二十年	1755年	建关帝庙（现学校址）、菩萨庙及节孝碑
	乾隆二十三年	1758年	党、贾两姓创"合兴发"商号
中华民国		1912年	全县（现今韩城市）改为五区（东、西、南、北、中），本村属北区，南阳团管辖，村中设有"公直、老人"，还有"团正官人"，供驱使、派徭役
		1927年	红枪会总部曾住本村
		1937年	菩萨庙毁
		1938年	观音庙毁
		1966年	关帝庙毁
中华人民共和国		1988年	《中国传统民居与村落的一颗名珠——韩城党家村》论文问世于美国加州大学（伯克利）举办的大型国际研讨会
		1991年	做韩城党家村保护规划
		1992年	中日联合调查报告《党家村——中国北方的传统农村集落》出版

图书在版编目（CIP）数据

韩城党家村 / 刘宝仲撰文 / 摄影. —北京：中国建筑工业出版社，2014.6
（中国精致建筑100）
ISBN 978-7-112-16782-1

Ⅰ.①韩… Ⅱ.①刘… Ⅲ.①村落 – 建筑艺术 – 韩城市 – 图集 Ⅳ.①TU-862

中国版本图书馆CIP数据核字（2014）第080886号

◎中国建筑工业出版社

责任编辑：董苏华　张惠珍　孙立波
技术编辑：李建云　赵子宽
图片编辑：张振光
美术编辑：赵　清　康　羽
书籍设计：瀚清堂·赵　清　周伟伟　康　羽
责任校对：张慧丽　陈晶晶　关　健
图文统筹：廖晓明　孙　梅　骆毓华
责任印制：郭希增　臧红心
材料统筹：方承艺

中国精致建筑100

韩城党家村

刘宝仲 撰文/摄影

中国建筑工业出版社出版、发行（北京西郊百万庄）

各地新华书店、建筑书店经销

南京瀚清堂设计有限公司制版

北京顺诚彩色印刷有限公司印刷

开本：889×710毫米　1/32　印张：3　插页：1　字数：125千字
2016年12月第一版 2016年12月第一次印刷
定价：**48.00**元
ISBN 978-7-112-16782-1
　　（24389）